essentials

essentials liefern aktuelles Wissen in konzentrierter Form. Die Essenz dessen, worauf es als „State-of-the-Art" in der gegenwärtigen Fachdiskussion oder in der Praxis ankommt. *essentials* informieren schnell, unkompliziert und verständlich

- als Einführung in ein aktuelles Thema aus Ihrem Fachgebiet
- als Einstieg in ein für Sie noch unbekanntes Themenfeld
- als Einblick, um zum Thema mitreden zu können

Die Bücher in elektronischer und gedruckter Form bringen das Expertenwissen von Springer-Fachautoren kompakt zur Darstellung. Sie sind besonders für die Nutzung als eBook auf Tablet-PCs, eBook-Readern und Smartphones geeignet. *essentials:* Wissensbausteine aus den Wirtschafts-, Sozial- und Geisteswissenschaften, aus Technik und Naturwissenschaften sowie aus Medizin, Psychologie und Gesundheitsberufen. Von renommierten Autoren aller Springer-Verlagsmarken.

Weitere Bände in der Reihe http://www.springer.com/series/13088

Klaus Stierstadt

Die Eigenschaften der Stoffe: Suszeptibilitäten und Transportkoeffizienten

Ein Überblick über die Definitionen in der Thermodynamik

Klaus Stierstadt
Fakultät für Physik, Universität München
München, Deutschland

ISSN 2197-6708 ISSN 2197-6716 (electronic)
essentials
ISBN 978-3-658-29098-6 ISBN 978-3-658-29099-3 (eBook)
https://doi.org/10.1007/978-3-658-29099-3

Die Deutsche Nationalbibliothek verzeichnet diese Publikation in der Deutschen Nationalbibliografie; detaillierte bibliografische Daten sind im Internet über http://dnb.d-nb.de abrufbar.

Planung/Lektorat: Margit Maly
Springer Spektrum ist ein Imprint der eingetragenen Gesellschaft Springer Fachmedien Wiesbaden GmbH und ist ein Teil von Springer Nature.
Die Anschrift der Gesellschaft ist: Abraham-Lincoln-Str. 46, 65189 Wiesbaden, Germany

Was Sie in diesem *essential* finden können

- Sie erhalten einen Überblick über die Definitionen von Suszeptibilitäten bzw. Responsefunktionen und von Transportkoeffizienten in Materie.
- Sie lernen, wie Suszeptibilitäten aus thermodynamischen Potenzialen berechnet werden können und wie man Transportkoeffizienten auf die Eigenschaften der Atome zurückführt.
- Sie erhalten einen Überblick über alle bekannten Suszeptibilitäten und Transportkoeffizienten in kondensierter Materie unter normalen Bedingungen.
- Sie lernen, wie man die Entropieproduktion bei Transportprozessen aus den entsprechenden Flüssen bzw. Stromdichten und den Triebkräften berechnet.

Vorwort

Die Thermodynamik – ursprünglich die Lehre von den Dampfmaschinen – ist wegen ihrer relativen Abstraktheit das unbekannteste Gebiet der klassischen Physik. Sie ist aber gleichzeitig ihr heute wichtigster Teil. Als Lehre von den Umwandlungen der Energie braucht man sie zum Verständnis unseres weltweiten Energieproblems und damit der aktuellen Klimaveränderung (siehe mein Buch „Energie – das Problem und die Wende", 2015). Um so unverständlicher ist es, dass die Thermodynamik bzw. die Wärmelehre aus den Lehrplänen unserer Schulen fast ganz verschwunden ist. Und an den Hochschulen wird sie ebenfalls oft stiefmütterlich behandelt. Das verdanken wir allerdings der Bologna-Reform unserer Studiengänge.

Aus diesem Grunde habe ich drei *essentials* geschrieben, in denen die wesentlichen Inhalte der Thermodynamik besprochen werden: Die atomistische Interpretation von Temperatur und Wärme, die thermodynamischen Potenziale, und die damit erklärbaren Eigenschaften der Stoffe. Diese drei *essentials* – von denen Sie eines hier in der Hand halten – liefern zusammen genommen eine Brücke zwischen der einfachen Wärmelehre, wie sie am Anfang des Bachelorstudiums angeboten wird, und zwischen der anspruchsvollen Statistischen Physik am Ende dieses Studiums. Sie sollten daher bereits ein wenig Grundwissen zu den Begriffen der Thermodynamik mitbringen.

Die drei *essentials* stellen auch jedes für sich ein nützliches Werkzeug dar, um das Wesentliche, das „Essenzielle“ der Thermodynamik zu verstehen. So dient zum Beispiel das Wissen von der Entropie zum Verständnis des Wirkungsgrads unserer Energie-Wandler. Und die Energiebilanz unserer Atmosphäre bildet die Grundlage zum Verständnis des Klimawandels. Für diese und viele andere Probleme in Natur und Technik ist eine solide Kenntnis der Thermodynamik unverzichtbar.

Klaus Stierstadt

Inhaltsverzeichnis

Einführung 1

Die uns umgebende Materie hat eine Fülle verschiedener Eigenschaften: Größe, Form, Masse, Farbe Härte, Dichte, elektrische Ladung, Magnetisierung, chemische Zusammensetzung usw. Alle diese Eigenschaften werden **Mengengrößen** oder **Extensivgrößen** genannt, sofern ihr Wert proportional zur Atomzahl eines Körpers ist. Solche Eigenschaften hängen vor allem von den Bedingungen ab, unter denen sich die Materie gerade befindet, von der Temperatur, dem Druck, dem elektrischen oder magnetischen Feld usw. Diese Bedingungen bezeichnen wir zusammenfassend als **Feldgrößen** bzw. als **Intensivgrößen.** Alle Prozesse in Natur und Technik sind mit der Änderung von mindestens einer der Feldgrößen verbunden. Dabei variieren die Eigenschaften der Stoffe auf vielfältige Weise. Wenn sich zum Beispiel die Temperatur ändert, so verändert sich auch die Härte, die Farbe, die Dichte oder die Magnetisierung eines Körpers. Die Variation solcher Eigenschaften kann auf zweierlei Arten erfolgen, je nachdem die Feldgrößen zeitlich oder räumlich variiert werden. Das ist in der Abb. 1.1 schematisch skizziert. Im ersten Fall (a) befindet sich der Körper K stationär in einem Feld, das gezielt verändert wird. Dabei ändert sich zum Beispiel seine Magnetisierung. Im zweiten Fall (b) befindet sich der Körper in einem Feld, das an verschiedenen Orten des Körpers unterschiedliche Werte hat. Dabei ändert sich beispielsweise die Verteilung der elektrischen Ladungen im Körper.

Wir definieren nun die Reaktionen eines Körpers auf die Veränderung der Feldgrößen. Im Fall (a) der Abbildung soll sich der Körper oder ein System zu

K. Stierstadt, *Die Eigenschaften der Stoffe: Suszeptibilitäten und Transportkoeffizienten,* essentials, https://doi.org/10.1007/978-3-658-29099-3_1

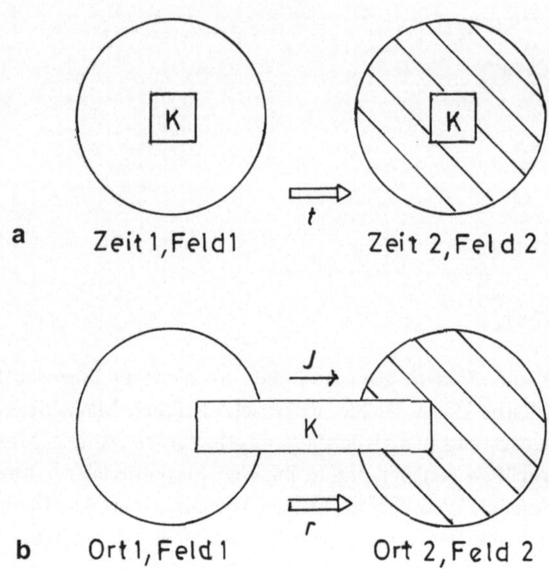

Abb. 1.1 Zeitliche (**a**) und räumliche (**b**) Variation von Feldgrößen in einem Körper K

jedem der beiden Zeitpunkte 1 und 2 im **thermodynamischen Gleichgewicht** befinden. Die Veränderung $d\varepsilon$ der Eigenschaft ε durch eine Variation $d\varphi$ des Feldes φ wird durch einen **Responsekoeffizienten** χ beschrieben (lateinisch: respondere, antworten):

$$\boxed{\chi \equiv \frac{d\varepsilon}{d\varphi}.} \tag{1.1}$$

Dieses χ wird auch als **Suszeptibilität** bezeichnet (lateinisch: suscipere, annehmen) und hängt im Allgemeinen selbst von den verschiedenen Feldgrößen φ ab.

Im Fall (b) der Abbildung befindet sich der Körper bzw. das System **nicht im thermodynamischen Gleichgewicht,** weil das Feld φ an den Orten 1 und 2 verschiedene Werte hat. Dann gibt es normalerweise einen **Transportstrom** j mit der Flächendichte bzw. dem **Fluss** $\boldsymbol{J} = j/A$ von 1 nach 2 oder umgekehrt, der durch eine **Triebkraft** $\hat{F}$ erzeugt wird. Diesen Prozess beschreibt man durch einen **Transportkoeffizienten** L:

$$L \equiv \boldsymbol{J}/\hat{\boldsymbol{F}}. \tag{1.2}$$

Die Triebkraft $\hat{\boldsymbol{F}}$ ist zum Gradienten einer Feldgröße φ proportional, $\hat{\boldsymbol{F}} \sim \nabla\varphi$. Sie ist aber etwas anderes als eine Newtonsche Kraft F, wie wir bald sehen werden. Und der Transportkoeffizient L hängt im Allgemeinen ebenfalls von den Feldern φ ab. Die Existenz eines Stromes $\boldsymbol{j}$ ist durch den zweiten Hauptsatz der Thermodynamik bedingt, der da lautet: „In einem *abgeschlossenen* System kann die Entropie nur zunehmen oder konstant bleiben." Der Strom $\boldsymbol{j}$ bewirkt nämlich eine Zunahme der Entropie des als abgeschlossen betrachteten Systems in Abb. 1.1b. Das wird im Kap. 4 näher erläutert.

Die beiden so definierten Stoffgrößen χ und L beschreiben das Verhalten von Materie umfassend, wenn man alle relevanten Feldgrößen in Betracht zieht. Es ist daher wünschenswert, eine Übersicht über dieses Verhalten zu gewinnen. Das werden wir in den Kap. 2 und 3 tun. Eine Besonderheit verdient dabei noch Beachtung: Sowohl ein Feld φ als auch ein Feldgradient $\nabla\varphi$ können zeitabhängig sein. Dann sind das auch die Eigenschaften der Materie. Besonders wichtig ist der Fall periodischer Feldänderungen $\varphi(t) \sim \mathrm{e}^{\mathrm{i}\omega t}$. Dann gibt es Eigenschaften, die mit der Feldänderung in Phase sind und solche, die verzögert in Erscheinung treten. Das drückt man mathematisch durch eine komplexe Suszeptibilität bzw. einen komplexen Transportkoeffizienten aus: $\chi = \chi' + \mathrm{i}\chi''$ bzw. $L = L' + \mathrm{i}L''$ Dabei ist der Realteil mit φ bzw. $\nabla\varphi$ in Phase, der Imaginärteil hinkt um 90° hinterher.

Suszeptibilitäten und Responsefunktionen

2

2.1 Überblick

Nun wollen wir uns einen Überblick über alle denkbaren Suszeptibilitäten der Materie verschaffen. Das gelingt am besten durch Inspektion eines thermodynamischen Potenzials, nämlich der inneren Energie U eines Körpers. Diese setzt sich aus vielen verschiedenen Anteilen zusammen, seiner mechanischen, thermischen, elektrischen und magnetischen Energie usw. Nicht dazu rechnet man in der Thermodynamik die Massenenergie $E = mc^2$ und die kinetische Energie des Schwerpunkts des Körpers. Für die innere Energie liefert die Thermodynamik folgenden Ausdruck [1]:

$$\boxed{U = TS - PV + \mu N + \boldsymbol{E} \cdot \boldsymbol{M}_\mathrm{e} + \boldsymbol{B} \cdot \boldsymbol{M}_\mathrm{m} + \boldsymbol{F} \cdot \hat{\boldsymbol{L}} + \gamma A \ldots .} \tag{2.1}$$

(Hier ist T die Temperatur, S die Entropie, P der Druck, V das Volumen, μ das chemische Potenzial, N die Atom- bzw. Molekülzahl, $\boldsymbol{E}$ das elektrische Feld, $\boldsymbol{M}_\mathrm{e}$ das elektrische Dipolmoment, $\boldsymbol{B}$ das Magnetfeld, $\boldsymbol{M}_\mathrm{m}$ das magnetische Dipolmoment, $\boldsymbol{F}$ eine mechanische Kraft, $\hat{\boldsymbol{L}}$ eine mechanische Dehnung, γ die Grenzflächenspannung und A die Grenzfläche selbst).

Die Gl. (2.1) heißt **Euler-Gleichung** der Thermodynamik (nach Leonhard Euler, 1707–1783). Ihre einzelnen Terme sind jeweils Produkte einer **intensiven** (der ersten) und eine **extensiven** (der zweiten) **Größe,** bzw. einer **Feld-** und einer **Mengengröße**[1]**.** Die Gl. (2.1) kann eventuell durch weitere relevante Energieterme

[1]Extensive Größen sind proportional zur Teilchenzahl. Intensive Größen sind das nicht, aber sie können in verschiedenen Phasen denselben Wert haben, was für die extensiven meist nicht zutrifft.

K. Stierstadt, *Die Eigenschaften der Stoffe: Suszeptibilitäten und Transportkoeffizienten,* essentials, https://doi.org/10.1007/978-3-658-29099-3_2

ergänzt werden, wie zum Beispiel die starke und die schwache Wechselwirkung zwischen Elementarteilchen. Dieser Beitrag spielt jedoch nur in der Hochenergiephysik eine Rolle. Und die Gravitationsenergie braucht man vor allem in der Astrophysik. In der Gl. (2.1) sind die jeweils ersten Faktoren (die intensiven) jedes Terms definitionsgemäß die abhängigen Variablen, und die zweiten Faktoren (die extensiven) die unabhängigen, also $U(S, V, N, \boldsymbol{M}_e, \boldsymbol{M}_m, \hat{\boldsymbol{L}}, A)$. Variiert man diese, so ändern sich die abhängigen Größen entsprechend. In der Praxis ist es jedoch viel einfacher, die intensiven Größen T, P, μ usw. als freie Parameter zu haben, weil man diese experimentell viel leichter gezielt verändern kann als die extensiven Größen. Daher unterwirft man die Gl. (2.1) einer sogenannten Legendre-Transformation (nach Adrien Legendre, 1752–1833), die in den Lehrbüchern der Mathematik beschrieben ist. Damit werden abhängige und unabhängige Variable einer Funktion untereinander vertauscht. Das Differenzial einer auf diese Weise aus dU transformierten Funktion Φ lautet dann

$$\boxed{\mathrm{d}\Phi = -S\mathrm{d}T + V\mathrm{d}P - N\mathrm{d}\mu - \boldsymbol{M}_\mathrm{e} \cdot \mathrm{d}\boldsymbol{E} - \boldsymbol{M}_\mathrm{m} \cdot \mathrm{d}\boldsymbol{B} - \hat{\boldsymbol{L}} \cdot \mathrm{d}\boldsymbol{F} - A\mathrm{d}\gamma.} \tag{2.2}$$

Differenziert man $\Phi(T, P, \mu, \boldsymbol{E}, \boldsymbol{B}, \boldsymbol{F}, \gamma)$ nach den nun unabhängigen intensiven Variablen, den zweiten Faktoren in den einzelnen Termen, so erhält man die extensiven Variablen, also die ersten Faktoren zurück:

$$\frac{\partial \Phi}{\partial T} = -S, \quad \frac{\partial \Phi}{\partial P} = V, \quad \frac{\partial \Phi}{\partial \mu} = -N, \quad \text{usw.} \tag{2.3}$$

Bei dieser partiellen Differenziation sind jeweils alle anderen unabhängigen Variablen konstant zu halten. Differenziert man jetzt aber noch mal nach den intensiven Variablen, so erhält man die gesuchten Suszeptibilitäten χ, von denen in der Einleitung die Rede war. Wir haben damit ein Rezept zur Gewinnung aller relevanten Responsefunktionen, und zwar auf folgende Weise:

1. $$\frac{\partial^2 \Phi}{\partial T^2} = -\frac{\partial S}{\partial T} = -\frac{1}{T}\frac{\partial Q}{\partial T}, \tag{2.4}$$

   wobei nach Clausius $\partial S = \partial Q/T$ gesetzt wurde (Rudolf Clausius, 1822–1888). Dies gilt in Strenge jedoch nur für reversibel übertragene Wärme Q zwischen Gleichgewichtszuständen [2]. Die Größe $\partial Q/\partial T$ ist aber nichts anderes als die Wärmekapazität C. Und damit haben wir aus Φ eine fundamentale Stoffeigenschaft gewonnen. Ähnlich geht es mit den anderen Termen in Gl. (2.2):

2. $$\frac{\partial^2 \Phi}{\partial P^2} = \frac{\partial V}{\partial P} \tag{2.5}$$

   ist proportional zur Kompressibilität $\kappa \equiv -(\partial V/\partial P)/V$.

3. $$\frac{\partial^2 \Phi}{\partial \mu^2} = -\frac{\partial N}{\partial \mu} \tag{2.6}$$

ist proportional zur chemischen Affinität $A_{ch} \sim \partial N/\partial t$, das heißt, zur Reaktionsgeschwindigkeit.

4. $$\frac{\partial^2 \Phi}{\partial E^2} = -\frac{\partial M_e}{\partial E} \tag{2.7}$$

ist proportional zur elektrischen Suszeptibilität $\chi_e \equiv M_e/(\varepsilon_0 VE)$.

5. $$\frac{\partial^2 \Phi}{\partial B^2} = -\frac{\partial M_m}{\partial B} \tag{2.8}$$

ist proportional zur magnetischen Suszeptibilität $\chi_m \equiv \mu_m M_m/(VB)$ mit der magnetischen Permeabilität $\mu_m = \mu_0 \mu_r$.

6. $$\frac{\partial^2 \Phi}{\partial F^2} = -\frac{\partial \hat{L}}{\partial F} \tag{2.9}$$

ist umgekehrt proportional zum Elastizitätsmodul $\hat{E} \equiv \frac{F/A}{\hat{L}/L}$.

7. $$\frac{\partial^2 \Phi}{\partial \gamma^2} = -\frac{\partial A}{\partial \gamma} \tag{2.10}$$

ist proportional zur Grenzflächensuszeptibilität $\chi_g \equiv A/\gamma$

Eine Bemerkung ist noch wichtig: Bei den vektoriell notierten Termen in Gl. (2.1) und (2.2) handelt es sich in Wirklichkeit um Tensorbeziehungen zwischen den betreffenden Größen. Die Suszeptibilitäten bilden hier einen Tensor, dessen Symmetrie derjenigen des Körpers bzw. des Kristalls entspricht.

Außer den bisher betrachteten zweifachen Ableitungen des Potenzials Φ nach ein und derselben intensiven Variablen kann man auch gemischte zweifache Ableitung betrachten. Dann erhält man sogenannte nicht-diagonale Suszeptibilitäten. Was „nicht-diagonal" heißt besprechen wir an Hand der folgenden Tab. 2.1. Beispielsweise erhält man auf diese Weise

1. $$\frac{\partial^2 \Phi}{\partial T \partial P} = \frac{\partial V}{\partial T} \tag{2.11}$$

ist proportional zum thermischen Ausdehnungskoeffizienten $\alpha \equiv (\partial V/\partial T)/V$.

2. $$\frac{\partial^2 \Phi}{\partial E \partial P} = \frac{\partial V}{\partial E} \tag{2.12}$$

ist proportional zur Volumenelektrostriktion $(\partial V/\partial E)/V$, der Funktionsgrundlage unserer Quarzuhren.

Tab. 2.1 Überblick über die aus Gl. (2.2) hervorgegangenen Suszeptibilitäten in kondensierter Materie; *X* Extensivgröße, *Y* Intensivgröße

Y / X	T (K)	P (N/m²)	μ (J)	$\boldsymbol{E}$ (V/m)	$\boldsymbol{B}$ (Vs/m²)	$\boldsymbol{F}$ (N)	γ (N/m)
S (J/K)	Wärmekapazität $\partial S/\partial T \sim C$	Piezokalorischer Effekt $\partial S/\partial P$	Chemische Wärmetönung $\partial S/\partial \mu$	Elektrokalorischer Effekt $\partial S/\partial E$	Magnetokalorischer Effekt $\partial S/\partial B$	Mechanokalorischer Effekt $\partial S/\partial F$	$\partial S/\partial \gamma$
V (m³)	Thermische Volumenänderung $\partial V/\partial T \sim \alpha$	Kompressibilität $\partial V/\partial P \sim \kappa$	$\partial V/\partial \mu$	Volumen-Elektrostriktion $\partial V/\partial E$	Volumen-Magnetostriktion $\partial V/\partial B$	$\partial V/\partial F$	$\partial V/\partial \gamma$
N	Pyrochemischer Effekt $\partial N/\partial T$	Piezochemischer Effekt $\partial N/\partial P$	Chemiche Affinität $\partial N/\partial \mu$	Elektrochemischer Effekt $\partial N/\partial E$	Magnetochemischer Effekt $\partial N/\partial B$	$\partial N/\partial F$	$\partial N/\partial \gamma$
$\boldsymbol{M}_e$ (Asm)	Pyroelektrischer Effekt $\partial M_e/\partial T$	Volumen-Elektrostriktion $\partial M_e/\partial P$	Chemoelektrischer Effekt $\partial M_e/\partial \mu$	Elektrische Suszeptibilität $\partial M_e/\partial E \sim \chi_e$	Magnetoelektrischer Effekt $\partial M_e/\partial B$	$\partial M_e/\partial F$	$\partial M_e/\partial \gamma$
$\boldsymbol{M}_m$ (Am²)	Pyromagnetischer Effekt $\partial M_m/\partial T$	Volumen-Magnetostriktion $\partial M_m/\partial P$	Chemomagnetischer Effekt $\partial M_m/\partial \mu$	Elektromagnetischer Effekt $\partial M_m/\partial E$	Magnetische Suszeptibilität $\partial M_m/\partial B \sim \chi_m$	$\partial M_m/\partial F$	$\partial M_m/\partial \gamma$
$\hat{L}$ (m)	Thermische Längenänderung $\partial \acute{L}/\partial T$	Lineare Kompressibilität $\partial \acute{L}/\partial P$	$\partial \acute{L}/\partial \mu$	Elektrostriktion $\partial \acute{L}/\partial E$	Magnetostriktion $\partial \acute{L}/\partial B$	Mechanische Dehnung $\partial \acute{L}/\partial F$	$\partial \acute{L}/\partial \gamma$
A (m²)	$\partial A/\partial T$	$\partial A/\partial P$	$\partial A/\partial \mu$	$\partial A/\partial E$	$\partial A/\partial B$	$\partial A/\partial F$	Grenzflächen-Suszeptibilität $\partial A/\partial \gamma$

3. $$\frac{\partial^2 \Phi}{\partial B \partial P} = \frac{\partial V}{\partial B} \tag{2.13}$$

   ist proportional zur Volumenmagnetostriktion $(\partial V/\partial B)/V$.
4. Und so weiter.

Eine Übersicht über all diese Suszeptibilitäten liefert die Tab. 2.1. In den Zeilen sind die extensiven Größen angeordnet, in den Spalten die intensiven. Die Diagonale von links oben nach rechts unten enthält die sogenannten direkten Phänomene. Das sind diejenigen Suszeptibilitäten, die durch doppelte Differenziation von Φ nach ein und derselben intensiven Variablen entstehen. Außerhalb der Diagonale finden sich die aus gemischten Ableitungen hervorgegangen Response-Eigenschaften. Diese sind experimentell noch nicht alle untersucht und haben zum Teil auch keine bestimmten Namen. Theoretische Ausdrücke für alle denkbaren Suszeptibilitäten gewinnt man mittels des in [1] beschriebenen Verfahrens, in dem man das Potenzial Φ auf die Zustandssummen des betreffenden physikalischen Modells zurückführt. Zum Abschluss sei nochmals betont, dass es sich bei den Suszeptibilitäten in Tab. 2.1 um Gleichgewichts-Eigenschaften der Materie handelt. Die Nichtgleichgewichts- oder Transport-Eigenschaften behandeln wir im folgenden Kap. 3.

Noch eine Bemerkung ist hier angebracht: In [1] gibt es zur hiesigen Gl. (2.1) noch einen elektrischen Term $q\phi_e$ mit der elektrischen Ladung q und dem elektrischen Potenzial ϕ_e. Dieses Variablenpaar haben wir hier weggelassen. Wegen des Erhaltungssatzes für die Ladung in einem abgeschlossenen System liefert eine entsprechende Zeile in der Tabelle für die Größen $\partial q/\partial Y_i$ nämlich jeweils ein Nullergebnis. Und eine entsprechende Spalte für $\partial X_i/\partial \phi_e$ unterscheidet sich praktisch nicht von derjenigen für $\partial X_i/\partial E$. In der Diagonale stünde hier die elektrische Kapazität $\partial q/\partial \phi_e$ mit der Einheit Farad (= As/V).

2.2 Beziehungen zwischen den Suszeptibilitäten

Die 49 Suszeptibilitäten, die wir in der Tab. 2.1 gefunden haben, sind nicht unabhängig voneinander, sondern sie gehören in gewisser Weise zusammen. Solche Beziehungen sind sehr nützlich, weil man mit ihrer Hilfe schwer messbare Suszeptibilitäten aus den Werten für leichter messbare gewinnen kann. Das betrifft zum Beispiel die Wärmekapazität C_V bei konstantem Volumen aus derjenigen C_P bei konstantem Druck. Wir wollen den Zusammenhang an diesem Beispiel zeigen. Was nun folgt ist ein Abschnitt für Liebhaber der Thermodynamik. Von Verächtern derselben kann er übersprungen werden bzw. man braucht nur die Gl. (2.34), und was daraus folgt, zur Kenntnis zu nehmen.

Wir beginnen mit der Definition von C_V und C_P eines Körpers:

$$C_V = \left(\frac{\partial Q}{\partial T}\right)_V = T\left(\frac{\partial S}{\partial T}\right)_V, \tag{2.14}$$

$$C_P = \left(\frac{\partial Q}{\partial T}\right)_P = T\left(\frac{\partial S}{\partial T}\right)_P. \tag{2.15}$$

Hierbei ist Q die von einem Körper mit seiner Umgebung ausgetauschte Wärmeenergie und S seine Entropie. Der zweiten Hälfte dieser Gleichungen liegt Clausius' Definition der Entropie zugrunde, $\Delta S = \Delta Q/T$. Die partiellen Ableitungen der Entropie nach der Temperatur in (2.14) und (2.15) lassen sich nicht leicht messen (Näheres in [2]), und wir wollen sie durch bequemer zugängliche Größen ersetzen. Dazu schreiben wir die vollständigen Differenziale von S hin:

$$\mathrm{d}S(T,V) = \left(\frac{\partial S}{\partial T}\right)_V \mathrm{d}T + \left(\frac{\partial S}{\partial V}\right)_T \mathrm{d}V, \tag{2.16}$$

$$\mathrm{d}S(T,P) = \left(\frac{\partial S}{\partial T}\right)_P \mathrm{d}T + \left(\frac{\partial S}{\partial P}\right)_T \mathrm{d}P. \tag{2.17}$$

Diese beiden Ausdrücke können wir gleichsetzen. Die Entropie als Zustandsgröße hängt nämlich nicht vom Wege ab, auf dem ein bestimmter Zustand erreicht wird, also nicht davon, ob V oder P variiert wurde. Wir wählen für $(\partial S/\partial T)$ die Ausdrücke aus (2.14) und (2.15) und erhalten damit durch Gleichsetzen von (2.16) und (2.17)

$$(C_P - C_V)\frac{\mathrm{d}T}{T} = \left(\frac{\partial S}{\partial V}\right)_T \mathrm{d}V - \left(\frac{\partial S}{\partial P}\right)_T \mathrm{d}P. \tag{2.18}$$

Nun haben wir zwar $(\partial S/\partial T)$ aus der Differenz von (2.15) und (2.14) eliminiert, aber stattdessen die ähnlich „unangenehmen" Ausdrücke $(\partial S/\partial V)_T$ und $(\partial S/\partial P)_T$ erhalten. Diese beiden Größen kann man allerdings auf folgende Weise durch leichter messbare ersetzen: Wir machen dabei Gebrauch von den vollständigen Differenzialen zweier thermodynamischer Potenziale, der freien Energie F und der freien Enthalpie G (Näheres in [1]):

$$\mathrm{d}F = -P\mathrm{d}V - S\mathrm{d}T, \tag{2.19}$$

$$\mathrm{d}G = V\mathrm{d}P - S\mathrm{d}T. \tag{2.20}$$

Die gemischten zweiten Ableitungen dieser Potenziale müssen jeweils zueinander gleich sein wenn $\mathrm{d}F$ und $\mathrm{d}G$ vollständige Differenziale sind, nämlich

$$\frac{\partial^2 F}{\partial V \partial T} = -\left(\frac{\partial P}{\partial T}\right)_V \quad \text{und} \quad \frac{\partial^2 F}{\partial T \partial V} = -\left(\frac{\partial S}{\partial V}\right)_T \tag{2.21}$$

sowie

$$\frac{\partial^2 G}{\partial P \partial T} = \left(\frac{\partial V}{\partial T}\right)_P \quad \text{und} \quad \frac{\partial^2 G}{\partial T \partial P} = -\left(\frac{\partial S}{\partial P}\right)_T. \tag{2.22}$$

Setzen wir diese zweiten Ableitungen von F bzw. G jeweils einander gleich, so erhalten wir zwei partielle Differenziale, aus denen die Entropie verschwunden ist:

$$\left(\frac{\partial S}{\partial V}\right)_T = \left(\frac{\partial P}{\partial T}\right)_V \tag{2.23}$$

und

$$\left(\frac{\partial S}{\partial P}\right)_T = \left(\frac{\partial V}{\partial T}\right)_P. \tag{2.24}$$

Wenn wir diese beiden Beziehungen in Gl. (2.18) einsetzen, so haben wir die Differenzialquotienten, welche die Entropie enthalten, eliminiert. Die Gl. (2.18) sieht jetzt so aus:

$$(C_P - C_V)\frac{\mathrm{d}T}{T} = \left(\frac{\partial P}{\partial T}\right)_V \mathrm{d}V + \left(\frac{\partial V}{\partial T}\right)_P \mathrm{d}P. \tag{2.25}$$

Die beiden hier vorkommenden partiellen Ableitungen sind, bis auf Normierungen, der **isochore Spannungskoeffizient** $\beta_V \equiv (\partial P/\partial T)_V/P$ und der **isobare Ausdehnungskoeffizient** $\alpha_P \equiv (\partial V/\partial T)_P/V$. Diese Größen lassen sich relativ leicht messen, der Spannungskoeffizient allerdings nur für gasförmige Stoffe. Die Gl. (2.25) lautet mit diesen Koeffizienten jetzt

$$(C_P - C_V)\frac{\mathrm{d}T}{T} = P\beta_V \mathrm{d}V + V\alpha_P \mathrm{d}P. \tag{2.26}$$

Damit haben wir die schwierig zu messende Suszeptibilität C_V auf die leichter zu messenden Größen C_P, α_P und β_V zurückgeführt. Wir sind aber noch nicht ganz fertig, weil β_V nur für Gase leicht zu messen ist.

Hat man es mit nicht gasförmigen Stoffen zu tun, dann ist es sinnvoll, den Spannungskoeffizienten β_V durch die viel leichter zugängliche **isotherme Kompressibilität** $\kappa_T \equiv -(\partial V/\partial P)_T/V$ zu ersetzen. Und das geht folgendermaßen: Aus der Mathematik ist bekannt, dass zwischen den partiellen Ableitungen einer Funktion $z(x,y)$ die Beziehung

$$\left(\frac{\partial x}{\partial y}\right)_z \left(\frac{\partial y}{\partial z}\right)_x \left(\frac{\partial z}{\partial x}\right)_y = -1 \tag{2.27}$$

besteht. Mit $x=P$, $y=T$ und $z=V$ ergibt das für den Spannungskoeffizienten β_V

$$\left(\frac{\partial P}{\partial T}\right)_V = -\left[\left(\frac{\partial T}{\partial V}\right)_P \left(\frac{\partial V}{\partial P}\right)_T\right]^{-1}. \tag{2.28}$$

Hier steht nun, mit den obigen Definitionen für α_P und κ_T, in der eckigen Klammer das Produkt $(V\alpha_P)^{-1}(-V\kappa_T)$. Das sind auch in Flüssigkeiten und Festkörpern leicht messbare Größen. Und damit folgt für den schwierig zu messenden Spannungskoeffizienten

$$\left(\frac{\partial P}{\partial T}\right)_V = \frac{\alpha_P}{\kappa_T}. \tag{2.29}$$

Setzen wir das in Gl. (2.25) ein und formen etwas um, dann erhalten wir

$$\mathrm{d}T = \left(\frac{\alpha_P}{\kappa_T}\mathrm{d}V + V\alpha_P \mathrm{d}P\right)\frac{T}{C_P - C_V}. \tag{2.30}$$

Das vergleichen wir mit dem vollständigen Differenzial von $T(V,P)$:

$$\mathrm{d}T = \left(\frac{\partial T}{\partial V}\right)_P \mathrm{d}V + \left(\frac{\partial T}{\partial P}\right)_V \mathrm{d}P = \frac{1}{V\alpha_P}\mathrm{d}V + \frac{\kappa_T}{\alpha_P}\mathrm{d}P. \tag{2.31}$$

Die ersten und die zweiten Terme der rechten Seiten in (2.30) und (2.31) müssen paarweise gleich sein, also

$$\frac{\alpha_P}{\kappa_T}\frac{T}{C_P - C_V} = \frac{1}{V\alpha_P} \tag{2.32}$$

und

$$V\alpha_P \frac{T}{C_P - C_V} = \frac{\kappa_T}{\alpha_P}. \tag{2.33}$$

Das ergibt beides Mal für die gesuchte Differenz

$$\boxed{C_P - C_V = TV\frac{\alpha_P^2}{\kappa_T}.} \tag{2.34}$$

Damit haben wir das gewünschte Ergebnis: Aus drei bekannten Suszeptibilitäten lässt sich eine vierte berechnen, die schwer zu messen ist, nämlich C_V.

In ganz ähnlicher Weise kann man einen Zusammenhang zwischen der **isothermen Kompressibilität** κ_T bei konstanter Temperatur und der **adiabatischen Kompressibilität** κ_S bei konstanter Entropie herleiten [3, 4]. Er lautet

$$\boxed{\kappa_T - \kappa_S = TV\frac{\alpha_P^2}{C_P}.} \tag{2.35}$$

Die Größe κ_S erhält man zum Beispiel aus Messungen der Schallgeschwindigkeit υ mit $\kappa_S = 1/(\rho\upsilon^2)$ und mit der Massendichte ρ. Aus (2.34) und (2.35) ergibt sich schließlich die einfache Beziehung

$$\boxed{\frac{C_P}{C_V} = \frac{\kappa_T}{\kappa_S}.} \tag{2.36}$$

Ob die Ergebnisse (2.34) und (2.35) stimmen, das sieht man an den Messwerten für Wasser in Abb. 2.1. Hier sind C_V und κ_S aus den leichter messbaren Größen

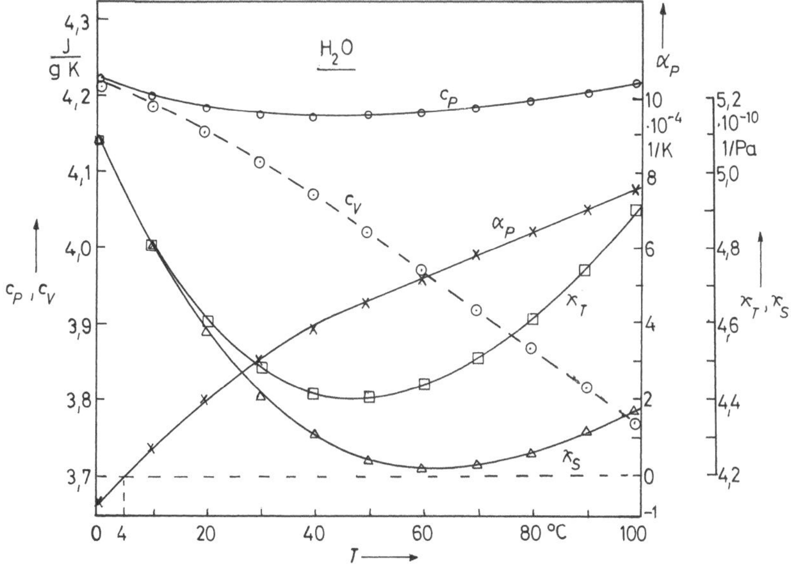

Abb. 2.1 Temperaturabhängigkeit der Suszeptibilitäten von Wasser bei Normaldruck [6]. Gemessen wurde $c_p = C_p/m$, α_p, κ_T κ_s und V. Damit wurden $c_v = C_v/m$ und auch κ_s berechnet. Das Dichtemaximum bei 4 °C äußert sich im Nulldurchgang von α_p

C_P, α_P und κ_T berechnet. Man erkennt in der Abbildung qualitativ die Beziehung (2.36): Das Verhältnis C_P/C_V wächst mit der Temperatur in ähnlichem Verhältnis wie κ_T/κ_S. Eine quantitative Übereinstimmung ist hier jedoch nicht zu erwarten, denn Wasser ist keine einfache Flüssigkeit. Mit wachsender Temperatur ändert sich seine mikroskopische Struktur. Die bei Raumtemperatur noch existierenden H_2O-Molekül-Aggregate lösen sich auf und sind bei 100 °C fast ganz verschwunden. Dieser Effekt ist in unserer Betrachtung nicht enthalten.

3 Transportkoeffizienten

Alle Vorgänge in Natur und Technik sind mit dem Transport von Energie in irgendeiner Form verbunden; entweder von einem Ort zum anderen oder am selben Ort im Lauf der Zeit aus der Umgebung. Dabei herrscht definitionsgemäß kein Gleichgewicht, denn sonst würden wir ja gar keinen Vorgang beobachten können. In der unbelebten Natur sehen wir Transportvorgänge beim Wettergeschehen, bei Wellen und Wasserströmungen, bei der Bewegung von Materie in Galaxien, Sternen und Planeten. In der belebten Natur gibt es Stoffwechsel und Reproduktion sowie die Strömungen von Flüssigkeiten in Pflanzen und Tieren. In der Technik haben wir es mit Strömungen in Wasser-, Gas- und Ölleitungen zu tun, mit Heizung und Kühlung, mit chemischen Reaktionen, mit Verkehr und Kommunikation und vor allem mit elektrischen Strömen.

3.1 Lineare Transportprozesse (Fließprozesse)

Schon vor 200 Jahren hat man das Fließen von Wasser, Wärme, elektrischer Ladung sowie von Atomen und Molekülen durch Materie hindurch mit einfachen empirischen Regeln beschrieben. Die bekanntesten solcher linearer Transportgleichungen lauten folgendermaßen:

- Für die Wärmestromdichte bzw. den Wärmefluss J_Q unter dem Einfluss einer Temperaturdifferenz ΔT fand Jean Baptiste Fourier (1768–1830) die **Wärmeleitungsgleichung**

$$J_Q = -\lambda \nabla T \tag{3.1}$$

K. Stierstadt, *Die Eigenschaften der Stoffe: Suszeptibilitäten und Transportkoeffizienten*, essentials, https://doi.org/10.1007/978-3-658-29099-3_3

mit der **Wärmeleitfähigkeit** λ (Einheit W/(mK)).

- Für den Teilchenfluss J_N unter dem Einfluss eines Unterschieds in der Konzentration c bzw. im chemischen Potenzial μ fand Adolf Fick (1829–1901) das **erste Ficksche Diffusionsgesetz**

$$J_N = -D\nabla c \tag{3.2}$$

mit der **Diffusions „konstanten"** D (Einheit m^2/s).

- Für den Transport J_q einer elektrischen Ladung durch eine Potenzialdifferenz $\Delta\phi_e$ fand Georg Simon Ohm (1789–1845) das **Ohmsche Gesetz**

$$J_q = -\hat{\sigma}\nabla\phi_e = \hat{\sigma}\boldsymbol{E} \tag{3.3}$$

mit der elektrischen Leitfähigkeit $\hat{\sigma}$ (Einheit $\Omega^{-1}m^{-1}$) und der elektrischen Feldstärke $\boldsymbol{E}$

- und so weiter.

Diese **konventionellen Transportgesetze** sind durchwegs Näherungen an die Wirklichkeit und sehen alle ähnlich aus. Man kann sie in allgemeiner Form zusammenfassend schreiben, nämlich

$$\boxed{J_X = -L_{XY}\nabla Y \equiv L_{XY}\hat{\boldsymbol{F}}_Y.} \tag{3.4}$$

Dabei ist der Fluss bzw. die Stromdichte J_X einer Extensivgröße X gleich dem negativen Produkt eines **kinetischen Koeffizienten** L_{XY} und dem Gradienten einer Intensivgröße Y. Und $-\nabla Y$ bezeichnet man $\hat{\boldsymbol{F}}$ als die **Triebkraft** des Transports. Sie ist aber keine Newtonsche Kraft wie $\boldsymbol{F}$ (mit der Einheit N), sondern eine *dynamische Kraft* (bzw. verallgemeinerte Kraft) mit der Einheit $[Y]$/m. In der Abb. 3.1 ist das Schema eines solchen Transports skizziert.

Sie werden vielleicht fragen, warum strömt denn überhaupt etwas, wenn eine solche Triebkraft wirkt? Das ist eine legitime Frage, denn nicht jede Kraft erzeugt eine Bewegung. Die Ursache für die Triebkraftwirkung ist der zweite Hauptsatz der Thermodynamik, der da lautet: „In einem *abgeschlossenen* System nimmt die Entropie entweder zu oder sie bleibt konstant." Betrachtet man die Anordnung in Abb. 3.1 als abgeschlossenes System, so nimmt die Entropie darin zu, wenn etwas strömt. Dabei gleichen sich nämlich Temperatur, Teilchenkonzentration oder elektrische Ladungen usw. zwischen den Reservoiren aus, sie werden gleichförmiger. Eine gleichförmige räumliche Verteilung hat aber mehr energetisch mögliche Zustände als eine ungleichförmige. Und die Entropie ist immer proportional zur Anzahl dieser Zustände. Das kann man in jedem Lehrbuch der Thermodynamik nachlesen, z. B. [2–4].

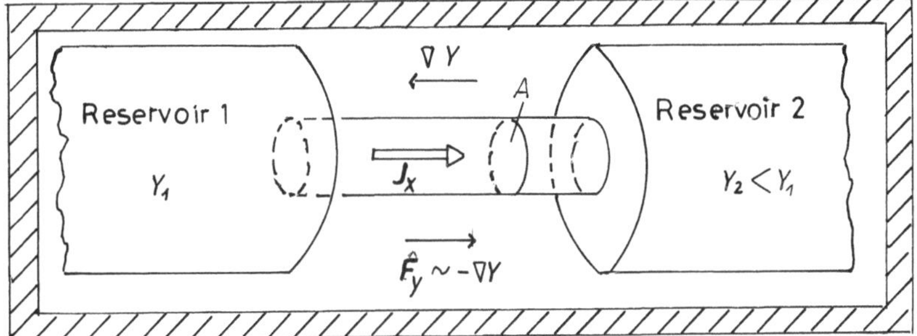

Abb. 3.1 Der Fluss $\boldsymbol{J}_\mathrm{X}$ durch die Fläche A wird von der Triebkraft $\hat{F} = -\nabla Y$ angetrieben. Die schraffierte Wand bezeichnet ein abgeschlossenes System

3.2 Mikroskopische Transportgleichungen

Wir wollen jetzt die konventionellen Transportgesetze wie (3.1) bis (3.4) auf eine atomistische Basis stellen. Dazu betrachten wir in der Abb. 3.2 das Verhalten von Atomen oder anderen kleinen Teilchen in einer Strömung beim Durchgang durch eine Ebene (A in der Abb.) senkrecht zur Strömungsrichtung. Solche Objekte können Masse, Energie, Impuls, elektrische Ladung usw. mit sich tragen. Sie stoßen von Zeit zu Zeit zusammen und tauschen dabei diese Größen untereinander aus. Wir müssen nun abzählen, wie viele Atome bzw. Teilchen welche Menge der Größe X transportieren. Die Zahl der Atome in einem mit Z bezeichneten Zylinder beträgt $N_\mathrm{Z} = (N/V)V_\mathrm{Z} = \rho_\mathrm{T} A\ell = \rho_\mathrm{T} A\langle v\rangle \Delta t$. Dabei ist ρ_T die Teilchen- bzw. Atomdichte, $\langle v\rangle$ ihre mittlere Geschwindigkeit und Δt die Flugzeit längs ℓ. Von den Atomen fliegen im Mittel je 1/6 nach rechts und nach links. Davon treffen in Δt je $(1/6)\rho_\mathrm{T}\langle v\rangle$ von beiden Seiten auf die Fläche A am Ort $z = z_0$. Die von links kommenden tragen jedes die Menge $X(z_0 - \ell)$ mit sich, die von rechts die Menge $X(z_0 + \ell)$. Der gesamte Fluss der Größe X durch die Fläche A bei z_0 ist dann

$$\boldsymbol{J}_\mathrm{X} = \frac{1}{6}\rho_\mathrm{T}\langle v\rangle[X(x_0 - \ell) - X(x_0 + \ell)]\hat{z} \tag{3.5}$$

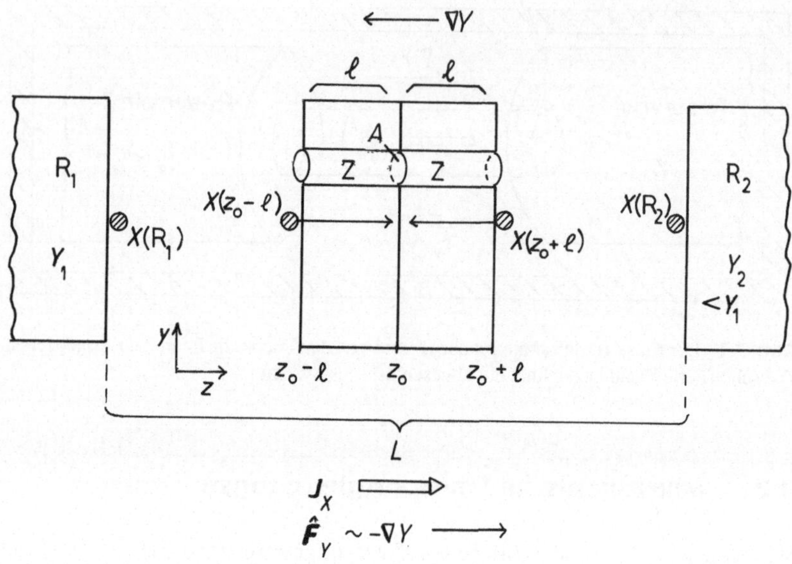

Abb. 3.2 Mikroskopisches Schema für Transportprozesse. Die Mengengröße X wird durch den Fluss $\boldsymbol{J}_{\mathrm{X}}$ unter der Wirkung der Triebkraft $\hat{\boldsymbol{F}}$ vom Reservoir R_1 nach R_2 befördert. Die Größe ℓ ist die freie Weglänge der Atome bzw. Moleküle. Z ist ein Zylinder mit Querschnitt A

($\hat{z}$ Einheitsvektor in z-Richtung). Wenn wir annehmen, dass die Größe X sich längs der Strecke ℓ nur wenig ändert, dann können wir die eckige Klammer entwickeln:

$$X(x_0 - \ell) \approx X(x_0) - \left(\frac{\partial X}{\partial z}\right)_{z_0} \ell, \quad X(x_0 + \ell) \approx X(x_0) + \left(\frac{\partial X}{\partial z}\right)_{z_0} \ell. \tag{3.6}$$

Setzt man das in Gl. (3.5) ein, so folgt

$$\boxed{\boldsymbol{J}_{\mathrm{X}} = -\frac{1}{3}\rho_{\mathrm{T}}\langle v\rangle\ell\left(\frac{\partial X}{\partial z}\right)_{z_0}\hat{z}.} \tag{3.7}$$

Das ist das gesuchte Ergebnis für den Fluss der Größe X, die durch Zusammenstöße der sie tragenden Atome transportiert wird. Wir sehen durch Vergleich mit Gl. (3.4) dass der Faktor $\rho_{\mathrm{T}}\langle v\rangle\ell/3$ dem kinetischen Koeffizienten L_{XY} entspricht und $(\partial X/\partial z)$ der Triebkraft $\hat{\boldsymbol{F}}$. Damit haben wir die Größe L_{XY} auf die Eigenschaften der Atome zurückgeführt.

Unsere Transportgleichung (3.7) enthält noch eine willkürlich gewählte Größe, nämlich die Zylinderlänge ℓ in Abb. 3.2. Das ist diejenige Strecke, über die sich der Wert von X wegen der Näherung (3.6) nur „wenig" ändern soll. Im atomistischen Bild identifiziert man ℓ daher mit der Strecke zwischen zwei aufeinanderfolgenden Zusammenstößen eines Atoms mit seinen Nachbarn. Diese Strecke heißt **freie Weglänge** und ihre Bedeutung ist in Abb. 3.3 für ein ideales Gas skizziert. Mit den dort angegebenen Parametern ergibt eine einfache geometrische Betrachtung [3, 4]

$$\ell = \frac{1}{\sqrt{2}\rho_{\mathrm{T}}\pi d^2} \tag{3.8}$$

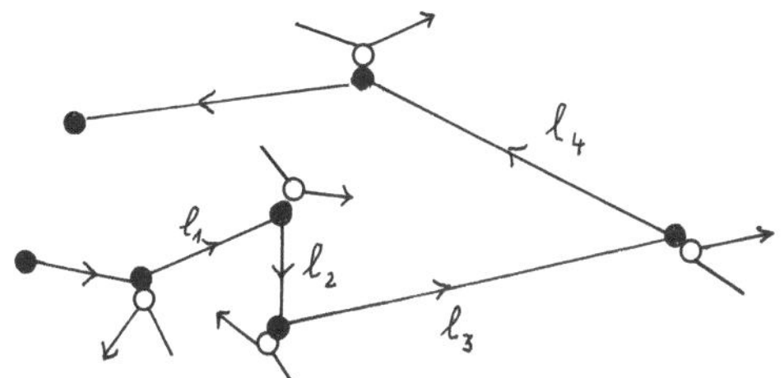

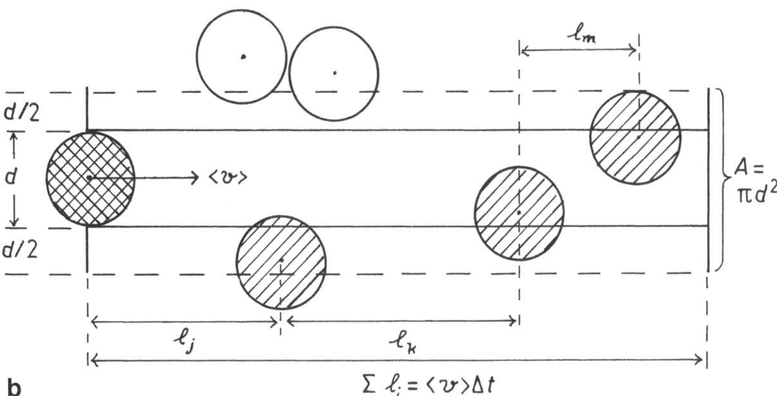

Abb. 3.3 Weglängen von Gasatomen. (a) Weg eines stoßenden Atoms (•) durch ein Gas (o gestoßene Atome). (b) Vom kreuzschraffierten Atom gestoßene (einfach schraffiert) und nicht getroffene (weiß) Atome

mit dem Atomdurchmesser d. Der Faktor $\sqrt{2}$ berücksichtigt, dass sich auch die gestoßenen Atome während der Flugzeit des stoßenden bewegen. Für Argon unter Normalbedingungen beträgt $\ell = 5{,}8 \cdot 10^{-8}$ m, etwa 20-mal so viel wie der mittlere Abstand der Atome von $3{,}3 \cdot 10^{-9}$ m [2]. Setzt man (3.8) für ℓ in die Transportgleichung (3.7) ein, so folgt

$$\boldsymbol{J}_\mathrm{X} = -\frac{\langle v \rangle}{3\sqrt{2}\pi d^2}\left(\frac{\partial X}{\partial z}\right)_{z_0}\hat{z}. \tag{3.9}$$

Und für ein dreidimensionales Problem tritt ∇X an die Stelle $(\partial X/\partial z)\hat{z}$. Wenn wir diese Beziehung mit der konventionellen Wärmeleitungsgleichung (3.1), $\boldsymbol{J}_\mathrm{Q} = -\lambda \nabla T$, vergleichen, so erhalten wir einen atomistischen Ausdruck für die Wärmeleitfähigkeit λ. Der Fluss $\boldsymbol{J}_\mathrm{Q}$ ist definiert als die Flächendichte des Wärmestroms $\mathrm{d}Q/\mathrm{d}t$, nämlich $\boldsymbol{J}_\mathrm{Q} = \mathrm{d}Q/(A\mathrm{d}t)$. Und die in einem idealen Gas transportierte Größe ist mikroskopisch gesehen die kinetische Energie ε eines Atoms, das heißt, $\partial X/\partial z = \partial\varepsilon/\partial z$. Mit $\partial\varepsilon/\partial z = (\partial\varepsilon/\partial T)(\partial T/\partial z)$ können wir für $\partial\varepsilon/\partial T$ die Wärmekapazität pro Atom eines idealen Gases einsetzen, nämlich $C_\mathrm{a} = 3k/2$ [2]. Die mittlere thermische Geschwindigkeit $<v>$ eines Gasatoms ist aus der kinetischen Gastheorie bekannt und gleich $\sqrt{8kT/(\pi m)}$.

Das alles in Gl. (3.9) eingesetzt ergibt

$$\lambda = \left(\frac{k}{\pi}\right)^{3/2}\sqrt{\frac{T}{m}}\frac{1}{d^2}. \tag{3.10}$$

Damit haben wir die makroskopische Größe Wärmeleitfähigkeit auf die Eigenschaften m und d der Atome zurückgeführt. Ganz ähnliche Überlegungen können wir für die anderen Transportprozesse durchführen und erhalten dann mikroskopische Ausdrücke für die konventionellen Transportkoeffizienten $\hat{\sigma}$, D usw.

In unseren Betrachtungen, die zu Gl. (3.7) führten, tritt als treibende Kraft die Größe $\partial X/\partial z$ auf. Dies ist eine sogenannte **entropische Kraft,** denn ihre Ursache ist, wie oben erwähnt, die Zunahme der Entropie bzw. der zweite Hauptsatz. Es gibt aber auch Transportprozesse unter dem Einfluss von **Newtonschen Kräften.** Beispiele sind der Transport elektrischer Ladungen q infolge einer Spannungsdifferenz oder der Strom magnetischer Teilchen unter der Wirkung eines magnetischen Feldgradienten. Im elektrischen Fall ist $\boldsymbol{F} = q\boldsymbol{E}$ die Kraft, die auf eine Ladung q im Feld $\boldsymbol{E}$ wirkt, im magnetischen Fall wirkt $\boldsymbol{m}_\mathrm{m} \cdot \nabla \boldsymbol{B}$ auf ein magnetisches Moment $\boldsymbol{m}_\mathrm{m}$ im Feld $\boldsymbol{B}$. In solchen Fällen sieht unsere Transportgleichung etwas anders aus als (3.7). Man muss zur thermischen Geschwindigkeit der Ladungen bzw. Momente noch ihre **Driftgeschwindigkeit** v_d im Feld addieren, die sie zwischen je zwei Zusammenstößen erhalten. Wir wollen das für den elektrischen Fall durchführen.

Man erhält die Driftgeschwindigkeit für ein Ion mit der Masse m_q aus Newtons zweitem Gesetz:

$$m_\mathrm{q}\frac{\mathrm{d}\upsilon_\mathrm{d}}{\mathrm{d}t} = qE. \tag{3.11}$$

Bei einem erneuten Zusammenstoß verschwindet υ_d wieder und das Ion wird erneut beschleunigt. Das ist in Abb. 3.4 skizziert. Die Integration von (3.11) liefert

$$\upsilon_\mathrm{d}(t) = \frac{q}{m_q}\boldsymbol{E}t + \upsilon_\mathrm{d}(0), \tag{3.12}$$

und der Mittelwert davon ist

$$\langle\upsilon_\mathrm{d}\rangle = \frac{q}{m_q}\langle\tau\rangle E \tag{3.13}$$

mit $\langle\upsilon_\mathrm{d}(0)\rangle = 0$. Die mittlere Stoßzeit $<\tau>$ ist gleich $\ell/<\upsilon_\mathrm{th}>$ mit der freien Weglänge ℓ und der thermischen Geschwindigkeit υ_th der Atome. Wir nehmen hier an, dass die relative Konzentration c der Ladungsträger klein gegen 1 ist, sodass für ℓ und υ_th die Werte der neutralen Atome benutzt werden können. Das betrifft natürlich nicht die guten metallischen Leiter wie Kupfer, Aluminium usw. mit $c \approx 1$.

Nun müssen wir noch einen zur Gl. (3.7) analogen Ausdruck für die Stromdichte $\boldsymbol{J}_q$ der Driftgeschwindigkeit finden. Dazu betrachten wir in Abb. 3.5 ein mikroskopisches Bild des Ladungstransports unter dem Einfluss der Kraft $\boldsymbol{F} = q\boldsymbol{E}$. Um den Strom $\boldsymbol{j}_q$ bzw. den Fluss $\boldsymbol{J}_q = \boldsymbol{j}_q/A$ zu berechnen, überlegen wir,

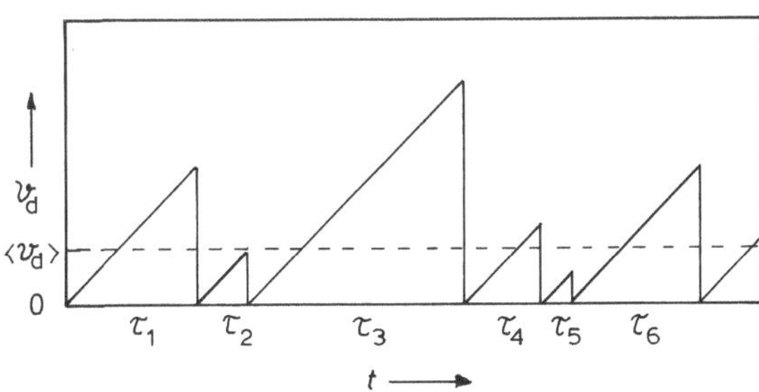

Abb. 3.4 Zeitlicher Verlauf des Betrags der Driftgeschwindigkeit der X-Träger zwischen je zwei Zusammenstößen. Die Größen τ_i sind die Stoßzeiten

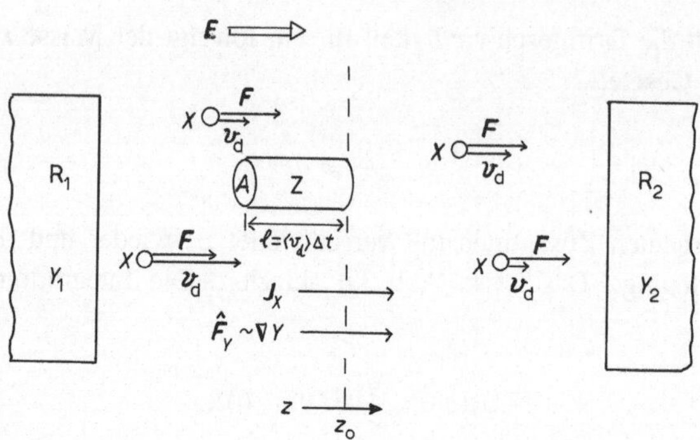

Abb. 3.5 Zur Analyse der Driftbewegung. $\boldsymbol{F}$ ist die auf ein Teilchen mit der Eigenschaft X zwischen zwei Zusammenstößen wirkende Kraft, υ_d ist die dadurch erzeugte Driftgeschwindigkeit; X steht hier für q

wie viele Ladungen $N_q^{(Z)}$ pro Zeiteinheit Δt aus einem Zylinder Z vom Volumen $V_Z = A\ell = A\langle\upsilon_d\rangle\Delta t$ die Ebene z_0 in positiver z-Richtung überqueren. Das sind

$$\frac{N_q^{(Z)}}{\Delta t} = \frac{N_q}{\Delta t}\frac{V_Z}{V} = \rho_q A\langle\upsilon_d\rangle \tag{3.14}$$

mit der Ladungsdichte N_q/V. Der Strom ist dann

$$\boldsymbol{j}_q = \rho_q A\langle\upsilon_d\rangle q\hat{\boldsymbol{z}}. \tag{3.15}$$

Und der Fluss wird

$$\boxed{\boldsymbol{J}_q = \frac{\boldsymbol{j}_q}{A} = \rho_q\langle\upsilon_d\rangle q\hat{\boldsymbol{z}}.} \tag{3.16}$$

Diese Beziehung tritt bei der Drift an die Stelle der Transportgleichung (3.7) für eine normale Diffusion ohne beschleunigende Kräfte. Wir haben hier die Gl. (3.16) für den elektrischen Fall hergeleitet. Sie gilt analog aber auch für andere Driftprozesse, zum Beispiel für magnetische Teilchen in einem Magnetfeldgradienten (vgl. Gl. 3.20).

Wenn wir jetzt die Driftgeschwindigkeit υ_d aus Gl. (3.13) in (3.16) einsetzen, so erhalten wir für die elektrische Stromdichte

$$\boldsymbol{J}_q = \rho_q q^2 \frac{\langle\tau\rangle}{m_q}\boldsymbol{E}. \tag{3.17}$$

Damit wird die elektrische Leitfähigkeit $\hat{\sigma}$ gemäß Gl. (3.3)

$$\hat{\sigma} = \rho_q q^2 \frac{\langle\tau\rangle}{m_\mathrm{q}}. \tag{3.18}$$

Diese Gleichung enthält zwei mikroskopische Parameter ρ_q und τ. Die Stoßzeit τ variiert in normaler Materie unter normalen Bedingungen nur um etwa einen Faktor 1000, von 10^{-13} s in Festkörpern bis zu 10^{-10} s in Gasen. Die Ladungsdichte ρ_q ändert sich dagegen um viele Zehnerpotenzen, von etwa $10^{10}/\mathrm{m}^3$ in normaler Luft bis zu $10^{30}/\mathrm{m}^3$ in metallischen Leitern. Hat man in einem Medium Ladungsträger von beiderlei Vorzeichen q_+ und q_- wie in ionisierten Gasen oder in Elektrolyten, so muss man die betreffenden Stromdichten addieren, $\boldsymbol{J}_\mathrm{ges} = \boldsymbol{J}_{q+} + \boldsymbol{J}_{q-}$. Dabei sind τ und m_q für die beiden Vorzeichen im allgemeinen verschieden.

Nicht nur elektrische Ladungen bewegen sich unter dem Einfluss eines elektrischen Feldes, sondern auch elektrische oder magnetische Dipole unter der Wirkung eines entsprechenden Feldgradienten. Das ist in Abb. 3.6 für den magnetischen Fall skizziert. Die Stromdichten erhält man durch eine ähnliche Betrachtung wie oben. Für elektrische Momente μ_e bzw. für magnetische μ_m ergibt sich

$$\boldsymbol{J}_{\mu_\mathrm{e}} = \frac{\rho_{\mu_\mathrm{e}} \langle\tau\rangle \mu_\mathrm{e}^2}{m_{\mu_\mathrm{e}}} \nabla \boldsymbol{E} \tag{3.19}$$

sowie

$$\boldsymbol{J}_{\mu_\mathrm{m}} = \frac{\rho_{\mu_\mathrm{m}} \langle\tau\rangle \mu_\mathrm{m}^2}{m_{\mu_\mathrm{m}}} \nabla \boldsymbol{B}. \tag{3.20}$$

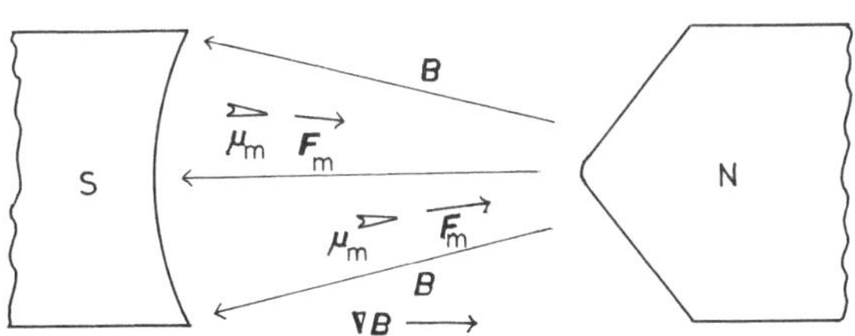

Abb. 3.6 Spindrift magnetischer Momente $\boldsymbol{\mu}_\mathrm{m}$ und Newtonsche Kraft $\boldsymbol{F}_\mathrm{m}$ in einem inhomogenen Magnetfeld

Die Brüche vor den Feldgradienten sind die entsprechenden Transportkoeffizienten D_e bzw. D_m (s. Tab. 3.1). Die Drift elektrischer Momente spielt zum Beispiel bei der Kühlung von Kondensatoren und Transformatoren mit flüssigen Dielektrika eine große Rolle. Die Drift magnetischer Momente findet bei der magnetischen Datenverarbeitung in entsprechend dotierten Halbleitermaterialien statt („Spintronik"). Auch in magnetischen Kolloiden, die in der Messtechnik und in der Medizin verwendet werden, driften magnetische Momente in Magnetfeldgradienten.

Tab. 3.1 Übersicht über die linearen Transportprozesse; J_X Stromdichte bzw. $\hat{F}_Y$ Fluss, Triebkraft

$\hat{F}_Y$ \ J_X	$\nabla\frac{1}{T}$ (K⁻¹m⁻¹)	$-\frac{1}{T}\nabla_{\text{vert}}\upsilon$ (K⁻¹s⁻¹)	$-\frac{1}{T}\nabla\mu$ (JK⁻¹m⁻¹)	$-\frac{1}{T}\nabla\phi_e$ (VK⁻¹m⁻¹)	$-\frac{1}{T}\nabla E$ (VK⁻¹m⁻²)	$-\frac{1}{T}\nabla B$ (VsK⁻¹m⁻³)
J_Q (Jms⁻¹)	Wärmeleitung $L_{QT} \sim \lambda$	Scher-Thermoeffekt $L_{Q\upsilon}$	Diffusions-Thermoeffekt $L_{Q\mu}$ Dufour-Effekt	Elektrokalorischer Effekt $L_{Q\phi e}$ Peltier-Effekt	L_{QE}	L_{QB}
J_p (Jm⁻³)	Thermo-Impulsstrom L_{pT}	Viskoser Scherstrom $L_{p\upsilon} \sim \eta$	Diffusions-Impulsstrom $L_{p\mu}$	Elektro-Impulsstrom $L_{p\phi e}$	L_{pE}	L_{pB}
J_N (m⁻²s⁻)	Thermodiffusion L_{NT} Soret-Effekt	Scherdiffusion $L_{N\upsilon}$	Diffusion $L_{N\mu} \sim D$	Elektrokinese $L_{N\phi e}$	L_{NE}	L_{NB}
J_q (Am⁻²)	Thermostrom L_{qT} Seebeck-Effekt	Scherelektrischer Effekt $L_{q\upsilon}$	Diffusionselektrischer Effekt $L_{q\mu}$	Elektrische Leitung $L_{q\phi e} \sim \hat{\sigma}$	L_{qE}	L_{qB}
(Am⁻¹) J_{M_e}	Thermopolarisations-Strom L_{MeT}	Scherpolarisations-Strom $L_{Me\upsilon}$	Polarisations-Diffusion $L_{Me\mu}$	Elektropolarisations-Strom $L_{Me\phi e}$	Polarisations-Drift $L_{MeE} \sim D_e$	L_{MeB}
(As⁻¹) J_{M_m}	Thermo-Spinstrom L_{MmT}	Scher-Spinstrom $L_{Mm\upsilon}$	Spindiffusion $L_{Mm\mu}$	Elekto-Spinstrom $L_{Mm\phi e}$	L_{MmE}	Spindrift $L_{MmB} \sim D_m$

3.3 Überblick über die Transportprozesse

Wir verschaffen uns jetzt einen Überblick über alle denkbaren Transportprozesse und über die zugehörigen kinetischen Koeffizienten L_{XY} nach Gl. (3.4). Dazu müssen wir die Stromdichten bzw. Flüsse und die entsprechenden Triebkräfte genau definieren. Die Stromdichten sind, wie gesagt, die Größen $J_X \equiv \mathrm{d}X/(A\mathrm{d}t)$ mit der Einheit $[X]/(\mathrm{m}^2\mathrm{s})$. Die dazugehörigen Triebkräfte ergeben sich aus der folgenden Beziehung für die mit dem Transport verbundene Entropieerzeugung:

$$\boxed{\boldsymbol{J}_X \cdot \hat{\boldsymbol{F}}_Y \equiv \sigma_{XY} = \frac{1}{V}\frac{\mathrm{d}S}{\mathrm{d}t}.} \tag{3.21}$$

Dabei ist σ_{XY} die bei dem betreffenden Vorgang im Volumen V erzeugte Entropie-Änderungsdichte, kurz **Entropieproduktion.** Diese Beziehung folgt aus der Wärmeleitungsgleichung (s. Kap. 4), und zwar mit Rudolf Clausius' (1822–1888) Definition der Entropie, $\Delta S = \int \text{đ}Q/T$ [2, 4]. Die Gl. (3.21) wurde von Lars Onsager (1903–1976) und anderen von der Wärmeleitung auf allgemeine Transportprozesse erweitert. Damit folgt nun für die Triebkraft

$$\hat{F} \equiv \frac{\sigma_{XY}}{J} = \frac{\mathrm{d}S}{V\mathrm{d}t}\frac{A\mathrm{d}t}{\mathrm{d}X} \tag{3.22}$$

Die Einheit von $\hat{\boldsymbol{F}}_Y$ ist dann J/(K m [X]).

Trägt man die Flüsse J_X als Zeilen und die Triebkräfte $\hat{F}_Y$ als Spalten in Form einer Matrix gegeneinander auf, so erhält man das Bild der Tab. 3.1 („Transportmtrix"). In jedem Kästchen steht ein prinzipiell möglicher Transportvorgang. In der Diagonale von links oben nach rechts unten stehen die sogenannten **direkten Transportprozesse,** außerhalb derselben die **indirekten.** Bei den direkten hat das Produkt JF gerade die Einheit der Entropieproduktion, nämlich J/(K m^3 s), wie von Onsager postuliert. Manche dieser Vorgänge sind noch kaum oder gar nicht untersucht. Und die in der Tabelle angegebenen Namen dafür sind nicht einheitlich im Gebrauch.

Zu den Eintragungen in der Tabelle sind noch eine Reihe von Bemerkungen angebracht:

- Lineare Gleichungen wie (3.1) bis (3.4) müssen im Allgemeinen durch weitere Terme ergänzt werden, wenn man Genaueres wissen will. So wird zum Beispiel ein elektrischer Strom nicht nur von der elektrischen Spannung (3.14) angetrieben, sondern kann auch von einem Temperaturgradienten (Thermostrom) oder von einem Magnetfeld (Hall-Effekt) erzeugt werden. Die Transportgleichung sieht dann so aus:

$$J_q = L_{q\phi_e}\hat{F}_{\phi_e} + L_{qT}\hat{F}_T + L_{qB}\hat{F}_B \cdots . \quad (3.23)$$

- Weil die linearen Transportgleichungen nur für kleine Triebkräfte gelten, müssen sie durch weitere, in $\hat{F}_Y$ nicht lineare Terme ergänzt werden, wenn man den linearen Anfangsbereich verlässt, also

$$J_q = L^{(1)}_{q\phi_e}\hat{F}_{\phi_e} + L^{(2)}_{q\phi_e}\hat{F}^2_{\phi_e} + \ldots . \quad (3.24)$$

  mit Transportkoeffizienten erster, zweiter usw. Ordnung.
- In kristallinen Festkörpern und flüssigen Kristallen sind Strom und Triebkraft oft nicht parallel gerichtet, wie wir in Abb. 3.1 angenommen haben. Dann sind die kinetischen Koeffizienten Tensorkomponenten.
- Wie bei den Suszeptibilitäten gibt es auch bei den Transportprozessen zeitabhängige Effekte, wenn die Triebkraft sich zeitlich ändert. Beispiele sind der elektrische Wechselstrom oder die Wärmeleitung bei periodischer Temperaturänderung (Jahreszeiten im Erdboden).
- Schließlich ist bekannt, dass alle Transportkoeffizienten selbst von den intensiven Feldgrößen T, P, $\boldsymbol{E}$, $\boldsymbol{B}$ usw. abhängen, nicht nur die Ströme von deren Gradienten.

Wir besprechen nun noch eine besonders interessante Eigenschaft der Tab. 3.1. Wenn wir dieses Schema als Matrix auffassen, dann ist sie *symmetrisch*. Das heißt, kinetische Koeffizienten, die spiegelbildlich zur Diagonale von links oben nach rechts unten stehen, haben den gleichen Zahlenwert:

$$\boxed{L_{ik} = -L_{ki}.} \quad (3.25)$$

Der Koeffizient L_{NT} der Thermodiffusion (Soret-Effekt), ist gleich demjenigen $L_{Q\mu}$ des Diffusionsthermostroms (Dufour-Effekt). Oder der Koeffizient L_{qT} des Thermostroms (Seebeck-Effekt) ist gleich demjenigen des elektrokalorischen Stroms $L_{Q\phi_e}$ (Peltier-Effekt) usw. Solche Prozesse bezeichnet man als zueinander inverse. Diese Eigenschaft wurde von Onsager 1931 entdeckt, indem er die mikroskopische Reversibilität von Transportprozessen im lokalen thermodynamischen Gleichgewicht untersuchte. Wir können auf die theoretische Begründung hier nicht eingehen; eine zusammenfassende Betrachtung findet man in [5]. Onsager erhielt 1968 den Nobelpreis für diese Entdeckung. Sie wird manchmal auch als der *vierte Hauptsatz der Thermodynamik* bezeichnet. Im Jahr 1945 hat Hendrik B. G. Casimir (1909–2000) die Onsagersche Entdeckung auf magnetische Transportprozesse erweitert und gezeigt, dass bei Anwesenheit eines Magnetfelds die Matrix in Tab. 3.1 *antisymmetrisch* ist, das heißt,

$$L_{ik}(B) = -L_{ki}(B)\cdot \tag{3.26}$$

Das betrifft primär die letzte Spalte und die letzte Zeile der Tabelle. Die Inversionsbeziehungen (3.25) und (3.26) sind heute als **Onsagers Reziprozitäts-Relationen** von großer Bedeutung für die elektronische Datenverarbeitung mittels magnetischer Speicherelemente. Man findet solche in den Laufwerken aller modernen Computer (Stichwort „Spinkaloritronik"). Dabei ist es nützlich zu wissen, ob die Onsager-Relationen für einen bestimmten Prozess gelten oder nicht. Gelten sie, dann ist man sicher, dass man lokal mit den Beziehungen der Gleichgewichtsthermodynamik rechnen kann.

4 Die Entropieproduktion bei Transportprozessen

Schon in der Einführung haben wir erwähnt, dass Ströme von Materie, Energie, elektrischer Ladung usw. deswegen fließen, weil dadurch der zweite Hauptsatz der Thermodynamik erfüllt wird. In einem abgeschlossenen System nimmt nämlich die Entropie beim Fließen eines Stromes stets zu. Wir wollen das an einigen Beispielen erläutern. Zunächst zur Wärmeleitung, dem Strom der mikroskopischen Energie von Atomen.

In Abb. 4.1 ist das Schema eines solchen Experiments skizziert. Ein wärmeleitender Stab mit Querschnitt A und Volumen V verbindet zwei Reservoire mit verschiedenen Temperaturen $T_1 > T_2$. Durch ihn fließt die Wärmeleistung $\dot{Q} = \mathrm{d}Q/\mathrm{d}t$. Am linken Ende tritt der Entropiefluss $\dot{S}_1 = (\mathrm{d}Q/\mathrm{d}T)/T_1$ in den Stab ein, am rechten Ende verlässt ihn der größere Fluss $\dot{S}_2 = (\mathrm{d}Q/\mathrm{d}t)/T_2$. Man kann daher sagen, dass im Stab die Entropie

$$\Delta\dot{S} = \dot{S}_2 - \dot{S}_1 = \frac{\mathrm{d}Q}{\mathrm{d}t}\left(\frac{1}{T_2} - \frac{1}{T_1}\right) \tag{4.1}$$

produziert wird. Die Triebkraft der Wärmeleitung ergibt sich dann aus Gl. (3.21), $\boldsymbol{J}_Q \cdot \hat{\boldsymbol{F}}_T = \sigma_{QT} = \Delta\dot{S}/V$, mit $J_Q = \mathrm{d}Q/(A\ \mathrm{d}t)$ wie folgt:

$$\hat{F}_T = \frac{\sigma_{QT}}{J_Q} = \frac{1}{V}\frac{(\mathrm{d}Q/\mathrm{d}t)\left(T_2^{-1} - T_1^{-1}\right)}{\mathrm{d}Q/(A\mathrm{d}t)} = \frac{A}{V}\frac{T_1 - T_2}{T_1 T_2}. \tag{4.2}$$

Hier ist A/V die reziproke Länge $(\Delta L)^{-1}$ des Stabes. Für kleine Temperaturdifferen- zen $T_1 - T_2$ können wir $(T_1 - T_2)/(T_1 T_2)$ durch $\Delta T/T^2$ ersetzen mit $T_1 \approx T_2 \approx T$. Dann wird aus (4.2)

$$\hat{F}_T = \frac{1}{\Delta L}\frac{\Delta T}{T^2} \tag{4.3}$$

K. Stierstadt, *Die Eigenschaften der Stoffe: Suszeptibilitäten und Transportkoeffizienten*, essentials, https://doi.org/10.1007/978-3-658-29099-3_4

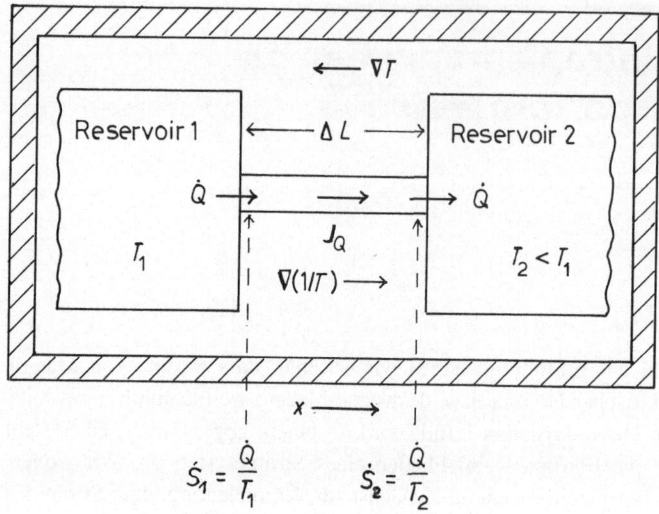

Abb. 4.1 Zur Entropieproduktion bei der Wärmeleitung (Erläuterungen im Text)

und im dreidimensionalen Fall mit $\Delta T/\Delta L = -|\nabla T|$ für ein lineares Temperaturprofil im Leiter

$$\hat{\boldsymbol{F}}_T = -\frac{\nabla T}{T^2} = \nabla\left(\frac{1}{T}\right). \tag{4.4}$$

Das ist die Triebkraft der Wärmeleitung nach Onsager (s. Gl. 3.21). Als Zahlenbeispiel zu Abb. 4.1 betrachten wir einen Aluminiumstab von 10 cm Länge und 1 cm^2 Querschnitt zwischen den Reservoiren mit $T_1 = 100$ °C und $T_2 = 0$ °C. Mit dem Tabellenwert für $\lambda = 238$ W/(K m) ergibt sich aus Gl. (3.1) $J_Q = 2{,}38 \cdot 10^5$ W/m^2 und aus Gl. (3.21) $\sigma_{QT} = 2330$ W/(K m^3) sowie für unseren Stab $\Delta\dot{S} = 0{,}0233\,\mathrm{W/K}$. Um die Größenordnung dieses Werts zu beurteilen, vergleichen wir ihn mit der Entropieänderung eines primitiv lebenden Menschen, nämlich $\Delta\dot{S} = 0{,}7\,\mathrm{W/K}$; und mit $V = 0{,}2$ m^3 ist $\sigma = 3{,}5$ W/(K m^3) [3, 4]. Die menschliche Entropieproduktion ist hier definiert als der Energieumsatz des Körpers, dividiert durch seine Temperatur.

Nun müssen wir noch unsere Näherung bezüglich „kleiner Temperaturdifferenzen" von Gl. (4.2) zu (4.3) begründen. Sie hängt mit der Definition der Entropie nach Clausius zusammen, nämlich $\Delta S = \int \mathrm{d}Q/T$. Und dies gilt nur für Gleichgewichtszustände. Bei der Wärmeleitung herrscht aber sicher kein thermodynamisches Gleichgewicht. Weil es für das Nichtgleichgewicht aber bis heute keine gültige Entropiedefinition gibt, hat man sich mit einem Trick beholfen, mit dem **lokalen Gleichgewicht.** Darunter versteht man das Verhalten in einem kleinen Bereich des Stabes in Abb. 4.1, ein Bereich, der in x-Richtung nur so lang ist, dass in ihm *fast Gleichgewicht* herrscht. Wie groß aber ein solcher Bereich wirklich sein darf, das lässt man zunächst offen. Er soll nämlich so klein sein, dass die Folgerungen, die man aus dieser Annahme zieht, *physikalisch sinnvoll* sind. Und das ist letzten Endes in der Theorie eine Frage der Rechengenauigkeit und im Experiment eine Frage der Messgenauigkeit. Wenn also in unserem Beispiel der Wärmeleitung der gemessene Wert für mit dem theoretisch berechneten innerhalb der Fehlergrenzen übereinstimmt, dann kann man sagen, dass lokales Gleichgewicht herrscht. Und man kann mit den Beziehungen der Gleichgewichtsthermodynamik argumentieren bzw. rechnen.

Wir wollen die Entropieproduktion nun noch für einen anderen Transportprozess berechnen, nämlich für einen elektrischen Strom.

Nach Gl. (3.21) gilt $\sigma_{q\phi_0} = J_q \cdot \hat{F}_{\phi_e}$ und für den Fluss einer elektrischen Ladung q ist $J_q = \mathrm{d}q/(A\mathrm{d}t)$. Aus der Tab. 3.1 entnimmt man $\hat{F}_{\phi_e} = -\nabla\phi_e/T$ Beides multipliziert ergibt im dreidimensionalen Fall

$$\sigma_{q\phi_e} = \frac{\mathrm{d}q}{A\mathrm{d}t}\frac{\Delta\phi_e}{T\Delta x} = \frac{U_e\mathrm{d}q}{T\Delta V\mathrm{d}t} \tag{4.5}$$

mit der Spannungsdifferenz $U_e = \Delta\phi_e$. Der Zähler $U_e\mathrm{d}q$ ist die elektrische Arbeit $\mathrm{d}W_e$ und diese ist gleich der Jouleschen Stromwärme $W_J = I^2R$ am Ohmschen Widerstand R. Es gilt also im Volumen ΔV

$$\sigma_{q\phi_e} = \frac{U_e I}{T\Delta V} = \frac{I^2R}{T\Delta V} \tag{4.6}$$

Dies ist ein sinnvolles Ergebnis, denn es hat die Einheit W/(m^{3}K), und rechtfertigt unter Anderem den onsagerschen Ansatz (3.21).

Was Sie aus diesem *essential* mitnehmen können

- Thermodynamische Potenziale [1] liefern einen einfachen Zugang zu allen bekannten Suszeptibilitäten bzw. Responsefunktionen. Das wird hier gezeigt. Eine Tabelle erläutert „was es alles für Suszeptibilitäten gibt".
- Transportkoeffizienten lassen sich aus den Eigenschaften der Atome berechnen, zum Beispiel aus ihrer Geschwindigkeit und ihrer freien Weglänge. Die Beziehungen dafür werden erläutert. Auch hier zeigt eine Tabelle „was es alles für Transportprozesse gibt".
- Die bei Transportprozessen produzierte Entropie lässt sich aus Fluss und Triebkraft berechnen. Sie gibt Aufschluss über die Wirkung des zweiten Hauptsatzes der Thermodynamik.

K. Stierstadt, *Die Eigenschaften der Stoffe: Suszeptibilitäten und Transportkoeffizienten,* essentials, https://doi.org/10.1007/978-3-658-29099-3

Literatur

1. Stierstadt, K. (2020). Thermodynamische Potenziale und Zustandssumme. *essential,* Springer, Berlin.
2. Stierstadt, K. (2020). Temperatur und Wärme – Was ist das wirklich? *essential,* Springer, Berlin.
3. Stierstadt, K. (2010). *Thermodynamik: Von der Mikrophysik zur Makrophysik*. Berlin: Springer.
4. Stierstadt, K. (2018). *Thermodynamik für das Bachelorstudium*. Berlin: Springer.
5. Stierstadt, K. (2018). Old wine in new bottles. arXiv-condensed matter 1810.1338.
6. Zemansky, M. W., & Dittman, R. H. (1997). *Heat and thermodynamics*. New York: McGraw-Hill.

K. Stierstadt, *Die Eigenschaften der Stoffe: Suszeptibilitäten und Transportkoeffizienten,* essentials, https://doi.org/10.1007/978-3-658-29099-3